Made in the USA
Monee, IL
18 April 2022

94937612R10070